DESCRIPTION GÉNÉRALE

DU CHATEAU

DE

FONTAINEBLEAU

AVEC LA NOTICE

DES TABLEAUX QUI ORNENT ET DÉCORENT CETTE RÉSIDENCE ROYALE.

PAR F. DENECOURT.

Nouvelle Édition

Ornée d'un Plan du Palais.

PRIX : 1 FR.

FONTAINEBLEAU.

M. CUDOT, LIBRAIRE, PLACE AU CHARBON.

—

SEPTEMBRE 1842.

DESCRIPTION

DES GALERIES, COURS, CHAPELLES,

ET PRINCIPAUX APPARTEMENTS

DU CHATEAU

DE

FONTAINEBLEAU

AVEC LA NOTICE

DES CHEFS-D'OEUVRE DE PEINTURE,
SCULPTURE, ARCHITECTURE, ETC.,
QUI ORNENT ET DÉCORENT CETTE RÉSIDENCE ROYALE.

Par F. DENECOURT.

Nouvelle Édition

Ornée d'un Plan du Palais,

PRIX : 1 FR.

FONTAINEBLEAU.

M. CUDOT, LIBRAIRE, PLACE AU CHARBON.

—

1843.

DESCRIPTION

CHATEAU DE FONTAINEBLEAU.

Fontainebleau. — Imp. de E. Jacquin.

AVERTISSEMENT.

Dans la pensée que parmi les voyageurs qui journellement viennent à Fontainebleau, il en est beaucoup qui, à défaut de temps, ne visitent le château qu'à la hâte, et, qu'en pareil cas, ils ne peuvent l'examiner dans ses immenses détails, je viens leur offrir ce petit livre, dans lequel j'ai décrit succinctement tout ce qu'il y a de grandiose et de plus curieux à voir dans cette magnifique résidence. Dégagée de tout détail superflu, cette description initiera facilement, et en peu d'instans, l'étranger aux chefs-d'œuvre en tous genres des grands artistes qui ont si puissamment contribué à l'illustration de Fontainebleau.

Les Appartemens sont ouverts au Public de
9 heures à 5 heures en été, et de 10 heures à
4 heures en hiver.

DESCRIPTION.

COUR DU CHEVAL BLANC, OU DES ADIEUX.

Sous François Ier, qui la fit construire, elle était appelée Grande-Cour, à cause de son étendue qui est de 152 mètres sur 102; puis cour des Tournois, parce qu'elle était, lors des grandes fêtes, le théâtre de ces joutes chevaleresques qui faisaient les délices de la cour et de la noblesse de ces temps-là; ensuite elle prit le nom de cour du Cheval-Blanc, parce que sous le règne de Charles IX, Catherine de Médicis, mère de ce roi, y fit placer un cheval en plâtre qu'elle avait envoyé mouler à Rome d'après celui de Marc-Aurèle. Cette figure équestre, quoique abritée sous un dôme au milieu de la cour, tomba de vétusté en 1626, après avoir duré environ soixante ans.

En 1814, époque de funeste mémoire pour la France, la cour du Cheval-Blanc reçut un quatrième baptême, baptême assurément des plus solennels et des plus mémorables, par les adieux de Napoléon aux nobles débris de son armée ! Cette cour, que nous appellerons désormais cour des Adieux, est remarquable : par son étendue, par la belle grille qui en décore l'entrée, par la façade du fond, et notamment par le collossal escalier en Fer-à-Cheval. Mais ce qui doit bientôt ajouter à ces beautés, ce sont les fontaines et les statues qui commencent à s'élever en avant de cet escalier.

Nous conseillons aux curieux de ne point quitter la cour des Adieux sans aller donner un coup d'œil sur les précieux restes des bains de François Ier, où survivent quatre figures monstres en grés brut qui faisaient l'ornement de la façade.

COUR DE LA FONTAINE.

Cette cour, entourée sur trois côtés par d'élégantes constructions qui appartiennent aux règnes de François Ier, de Henri IV, de Charles IX et de Louis XIV, et dont l'ensemble se mire dans les eaux limpides du vaste étang qui la limite au sud, est l'une des plus jolies et des plus remarquables du palais. En voyant ses édifices élevés avec art et d'une manière tout-à-fait grandiose, on se croirait transporté dans une de ces villa enchantées de l'Italie. Mais ce qui ajoute admirablement au charme qu'éprouve le visiteur, c'est le délicieux point de vue qui s'offre sur l'étang, dont les bords sont si gracieusement ombragés par le jardin anglais et par les gigantesques tilleuls de l'avenue de Maintenon. Le nom de cette cour vient de la fontaine qu'on y voit; elle est à quatre jets d'eau, et surmontée d'une statue d'Ulisse, en marbre blanc, sculptée par Petitot.

COUR OVALE, DU DONJON, OU D'HONNEUR.

Ovale, à cause de son ancienne forme; du *Donjon*, parce qu'autrefois, étant fortifiée, elle possédait, comme tous les châteaux féodaux, le donjon de rigueur, c'est-à-dire, une grosse tour carrée surmontée d'une tourelle; d'*Honneur*, parce que, du temps de l'empire, Napoléon y descendait toujours en arrivant à Fontainebleau, et qu'il en avait fait le point central de sa résidence.

Cette troisième cour, dont l'étendue est de 77 mètres sur 38, et qui jadis comprenait tout le château, est très remarquable par l'ancienneté des édifices qui l'entourent, et surtout par la singularité du style d'architecture à la fois bi-

zare et grandiose qui les distingue. On y voit encore le pavillon qu'habitait Saint-Louis , informe construction dont
le côté sud est flanqué d'une tourelle dans laquelle règne
un escalier qui est tout-à-fait en rapport avec l'aspect gothique du bâtiment. Mais ce qui doit fixer davantage l'admiration des artistes, ce sont : le péristyle donnant entrée
aux appartemens de la reine, et qui est l'œuvre de Serlio,
architecte de François Ier ; et la porte Dauphine, élégante
construction élevée par Henri IV, et surmontée d'un dôme
sous lequel fut baptisé, en 1606, le dauphin qui , depuis ,
a régné sous le nom de Louis XIII. On remarquera, à l'égard
de la cour Ovale, comme à l'égard des autres parties du château, que toutes les constructions qui sont ornées de salamandres ou d'F couronnés appartiennent au règne de François Ier, et que toutes celles où l'on voit le chiffre de
Henri IV datent du temps de ce prince.

COUR DES OFFICES, OU DE HENRI IV.

Des *Offices* , parce que la plus grande partie du rez-de-
chaussée comprend les cuisines du roi. Cour de *Henri I V*,
pour rappeler qu'elle a été construite par les ordres de ce
prince.

Cette cour, tapissée d'un gazon toujours vert et frais, est
un carré de 80 mètres sur chaque façade, dont trois se composent de dix-sept pavillons à peu près uniformes, et d'une
architecture assez simple. Le côté du couchant est fermé par
une grille en fer. La façade du fond est décorée d'une fontaine , appelée la fontaine aux *Trois Visages* , à cause des
trois mascarons en bronze par où l'eau s'échappe.

La chose la plus remarquable que présente la cour de

Henri IV, c'est le magnifique portail donnant sur la place d'Armes, portail dont la hauteur est de 25 mètres, et qui est l'un des plus beaux morceaux d'architecture du château de Fontainebleau. Cette construction à la fois simple et grandiose, a été élevée d'après les dessins d'un nommé *Jamin*, qui, de simple manœuvre, né au hameau de *Changis*, près de Fontainebleau, est devenu l'un des architectes les plus distingués du temps de Henri IV, qui l'a annobli à cause de ses talens. C'est en 1609 que furent terminées les immenses constructions qui entourent la cour que nous venons de décrire.

COUR DES PRINCES.

Ainsi nommée parce que le prince de Condé et le duc de Bourbon y avaient leurs appartemens. Cette cour, également bâtie par Henri IV, est un carré long entouré de constructions uniformes et d'une architecture plus que modeste. Son aspect sombre et silencieux ajoute à l'émotion que le visiteur éprouve en pensant que c'est dans cette partie du château qu'a été assassiné par ordre de Christine reine de Suède, l'infortuné Monaldeschi !

CHAPELLE DE LA SAINTE-TRINITÉ.

C'est l'un des plus gracieux vaisseaux d'église que l'on rencontre en Europe. Saint-Louis en fut le fondateur en 1229 ; mais alors ce n'était qu'une espèce d'oratoire que François Ier fit démolir et remplacer par la chapelle que nous voyons aujourd'hui, en la laissant toutefois sans

aucun ornement. Henri IV là trouva nue , et, sur l'obser-
vation d'un ambassadeur espagnol qui le plaisanta en lui
disant qu'il était mieux logé que Dieu , il en fit entre-
prendre immédiatement la décoration , qui ne fut terminée
que sous Louis XIII; voilà pourquoi les chiffres de ces deux
rois et de leurs femmes se distinguent dans plusieurs en-
droits.

Les peintures sont de Martin Freminet , artiste le plus
remarquable de ce temps-là par sa manière fière, précise,
et par l'expression forte et exacte des actions de ses per-
sonnages.

La voussure, à compartimens inégaux , se compose de
cinq grands tableaux. Le premier, au-dessus de l'autel, est
l'annonce de l'arrivée du Messie ; le second , à la suite,
représente l'ange Gabriel recevant de Dieu l'ordre de pro-
clamer par tout l'univers la présence prochaine de son
fils; le troisième, les puissances célestes entourant Dieu, le
père, et lui rendant hommage; le quatrième , la chute des
anges; le cinquième , Noé faisant entrer dans l'arche sa famille pour la sauver du déluge.

Au-dessus de la tribune de la musique , le tableau a
pour sujet l'Annonciation de la Vierge.

Ces six grandes compositions sont accompagnées de quatre tableaux symboliques et de forme ovale ; puis , entre
les trumeaux des fenêtres sont peints, à peu près grands
comme nature , les rois de Jérusalem , Saül, David, Salo-
mon , Roboam, Abbias, Azar, Josaphat et Joram. Sur la
droite et sur la gauche des rois , des grisailles représentent
les patriarches et les prophètes, puis entre elles les figures
emblématiques de la Prévoyance, de la Patience, de la Dili-
gence, de la Paix, de la Concorde, de la Clémence, etc.

Les quatre angles de la voûte sont remplis par quatre

tableaux. Ceux du côté de l'autel représentent la Foi et la Religion, et ceux qui sont au-dessus de la tribune, l'Espérance et la Charité.

L'autel, élevé sous Louis XIII, en 1633, est l'ouvrage de l'Italien Bourdoni : le tableau qui le décore est une descente de croix, par Jean Dubois, peintre français. Les deux statues qui sont à droite et à gauche de cet autel sont dues à Germain Pilon; elles représentent Charlemagne et Saint-Louis; au-dessus sont quatre anges en bronze du même auteur.

Les côtés latéraux de la chapelle se composent de treize petits oratoires, sept à droite, et six à gauche, restés jusqu'à présent sans ornement, à l'exception d'un seul, où l'on a érigé, en 1840, une petite chapelle consacrée à Saint-Philippe. Le tableau peint sur bois, qui en fait le principal ornement, est à vingt compartimens inégaux, représentant les actions de la vierge Marie. Ce tableau provient de San Filipo de Kativa, en Espagne, où il a été acheté en 1839 par M. le baron Taylor, à qui nous devons la collection des tableaux qui forment au Louvre le Musée espagnol, et dont la mort est une perte réelle pour les beaux-arts. La longueur de la chapelle de la Sainte-Trinité est de 40 mètres sur 8 mètres de largeur, et sa hauteur sous clé de voûte est de 16 mètres. Son parvis est une riche mosaïque de différentes espèces de marbres.

———

CHAPELLE SAINT-SATURNIN.

Elle a été construite sous Louis VII, et rebâtie par François Ier. Sa décoration, qui consiste en divers ornemens dorés, a été faite sous le règne de Louis XIII. Ses vitraux de

couleur viennent de Sèvres ; ils ont été fait depuis 1830 sur
les dessins de la princesse Marie d'Orléans, duchesse de Wur-
temberg, et fille de Louis-Philippe, morte à la fleur de son
âge à Pise, en Toscane. L'autel est celui sur lequel le pape
Pie VII a célébré l'office divin, étant captif à Fontainebleau,
depuis le 20 juin 1812 jusqu'au 21 janvier 1814.

Au-dessus de cette petite chapelle il y en avait une autre
que l'on nommait la Chapelle-Haute. Sous l'empire, elle a
été transformée en bibliothèque, où sont enfouis trente mille
volumes bien choisis qui ne servent à personne, puisqu'elle
n'est point ouverte au public.

——

GALERIE DES FRESQUES.

Cette miniature d'appartement était naguère un passage en
plein air : son heureuse transformation est due au roi actuel.

Les vingt tableaux, qui en font le principal ornement ,
sont d'Ambroise Dubois , peintre de Henri IV. Ils ont été
restaurés par M. Alaux. Les plus remarquables sont :
une danse d'enfans autour du chiffre de Henri IV ; une
Junon; une Cérès; un Neptune ; la Victoire ; une Renom-
mée; un Jupiter ; un concert de musique ; une Vénus et les
Amours; une Minerve; une Flore.

Parmi les lambris dorés qui recouvrent les murs de cette
jolie petite galerie , on a placé d'une manière tout-à-fait
particulière des assiettes en porcelaine de Sèvres , sur lesquelles sont de gracieuses peintures. Il y en a 36 qui représentent les principaux monumens français , et 52 qui
contiennent des sujets relatifs à l'histoire de Fontainebleau,
des paysages pris dans la forêt , ou des vues du château.

L'indication de chaque sujet est dans un petit médaillon, sur le pourtour des assiettes.

GALERIE DE DIANE.

Cette galerie, dont toutes les croisées donnent sur le jardin du roi, a été construite sous Henri IV, et décorée par Ambroise Dubois, peintre célèbre de cette époque. La voussure, comme tous les panneaux, étaient couverts de ses chefs-d'œuvre, qui consistaient en vingt-trois grands tableaux dont les sujets étaient tirés de la vie belliqueuse du Bearnais, et en une infinité de médaillons rétraçant ses amours avec la belle Gabrielle. Cette illustre et séduisante maîtresse sous la figure et avec les attributs de Diane dans toute sa fabuleuse vie, apparaissait, pour ainsi dire, dans chacune des compositions qui décoraient la vaste salle que nous décrivons. Mais ces chefs-d'œuvre, mais ces amours et ces batailles si bien retracés, tout a péri, tout a disparu sous la faux des élémens, et plus encore par le vandalisme ou l'insouciance des hommes !

On sait, en effet, que la destruction des peintures de la Galerie de Diane comme celles de bien d'autres parties du château, a eu principalement pour cause l'état d'abandon dans lequel est restée cette résidence, pendant notre grande révolution.

Mais Napoléon ayant ressuscité Fontainebleau, et Louis XVIII qui tenait à y laisser un souvenir, tous deux nous rendirent sinon les chefs-d'œuvre d'Ambroise Dubois, du moins nous firent avantageusement connaître MM. Blondel et Abel de Pujol, qui, sous la restauration, eurent la glorieuse mission de commencer et d'accomplir la nouvelle décoration de la galerie dont il est question.

DESCRIPTION.

Au-dessus de la porte d'entrée : Diane avec ses nymphes, tableau en grisaille.

1ʳᵉ *division de la voûte* par M. ABEL DE PUJOL.

TABLEAU DU MILIEU. — Esculape rend la vie à Hippolyte.

A droite et à gauche, dans le cintre de la voûte — le génie de la mort et le génie vainqueur de la mort.

Dans la frise de droite et de gauche — Hippolyte protégé par Diane. — Mort d'Hippolyte.

2ᵉ *division*, par M. BLONDEL.

TABLEAU DU MILIEU. — Les paysans lyciens changés en grenouilles pour avoir refusé de secourir Latone.

A droite et à gauche dans le cintre, le génie de la médecine et celui de la douleur.

Dans la frise de droite et de gauche — Amphitrite sur les eaux, puis Latone et le serpent Python.

3ᵉ *division*, par M. ABEL DE PUJOL.

TABLEAU DU MILIEU. — Le sanglier de Calydon.

Dans le cintre de la voûte, à droite et à gauche — le génie de la vengeance et celui de l'impiété.

Dans les frises de droite et de gauche — Amphiarus et Jason; puis Méléagre et Atalante, après avoir vaincu le sanglier de Calydon.

4ᵉ *division*, par M. BLONDEL.

TABLEAU DU MILIEU. — Le portrait de Diane avec les attributs de la chasse.

À droite et à gauche dans le cintre — le génie de la vir-
ginité et celui de la chasse.

Dans la première frise de droite et de gauche — l'invoca-
tion à la lune et des nymphes au repos.

Dans la deuxième frise, à droite et à gauche — Le génie
de la sagesse et celui des ténèbres.

Ici il y a une intersection qui sépare en deux parties la
décoration de cette jolie voussure ; cet intervalle est orné
d'arabesques et de dorures enjolivées qui font un merveil-
leux effet.

5ᵉ *division*, par M. ABEL DE PUJOL.

TABLEAU DU MILIEU. — Naissance d'Apollon et de Diane.

Dans le cintre, à droite et à gauche — le génie de la
lune et celui de la lumière.

Dans les frises de droite et de gauche—Latone poursuivie
par les Euménides, par l'ordre de Junon.

Dans le deuxième compartiment du cintre de la voûte, à
droite — le génie d'Hécate, et à gauche celui d'Apollon.

6ᵉ *Division*, par M. BLONDEL.

TABLEAU DU MILIEU. — La biche aux pieds d'Airain,
saisie par Hercule sur le Mont-Ménale.

Dans les frises de droite et de gauche — Hercule et Eu-
rysthée, puis le Dieu Pan et le fleuve Ladon.

Dans le cintre de la voûte, à droite et à gauche — le
génie de Neptune et celui de la force.

7ᵉ *Division*, par M. ABEL de PUJOL.

TABLEAU DU MILIEU. — Diane substitue une biche à
Iphigénie qui allait être offerte en sacrifice.

Dans la frise de droite et de gauche — Agamemnon et
Ménélas pleurant sur le sort d'Iphigénie, et deux guerriers
plus affectés encore.

Dans le cintre à droite et à gauche — le génie de l'of-fense et celui de l'expiation.

8e *Division*, par M. BLONDEL.

TABLEAU DU MILIEU. — La famille de Niobé.

Dans les frises de droite et de gauche — assassinat des enfans de Niobé par Apollon et Diane, puis vers un autel de Diane un groupe d'enfans.

Dans le cintre de la voûte à droite et à gauche — le génie de la fraude et celui de la colère.

SALON DE DIANE.

La décoration en a été faite d'après les plans et dessins de M. Blondel et toutes les peintures sont de lui.

Le tableau de la voûte qui est entouré de compartimens où sont peints des zéphyrs et des amours avec les attributs de la chasse, représente la Déesse de la nuit sous les traits de Diane.

1er Tableau à droite. — Vénus reçoit les plaintes de Diane.

2e La nymphe Calysto chassée de la présence de Diane.

1er Tableau à gauche. — Cette Déesse change Actéon en cerf pour le punir de l'avoir surprise au bain.

2e Diane surprend Endymion endormi. Tous les décors de ce gracieux salon sont sur stuc de même que les pein-tures. Les colonnes qui le séparent de la galerie sont de la même composition, qui diffère peu des plus beaux mar-bres d'Italie, et l'énorme vase en biscuit qui est au milieu sort de la manufacture de Sèvres.

Outre les peintures à l'huile sur plâtre qui foisonnent dans la galerie de Diane, il y a 25 tableaux sur toile, ac-

quis par la liste civile à la suite des expositions de 1815 à 1824.

En voici la désignation par numéros d'ordre :

50 — Charlemagne franchit les Alpes, par M. H. Lecomte.

51 — Henri IV au siége de Paris, par J.-F Ronmy.

52 — Vue du château de Fontainebleau et Henri IV relevant Sully, par A.-L. Duperreux.

53 — Entrée de Charles VIII dans la ville d'Aquapendente, par Chauvin.

54 — Bayard partant de Brescia, par J. Bidauld.

55 — Le Dauphin sauvé par Tanneguy Duchâtel, par M.-F. Richard.

56 — Le portrait équestre de Henri IV, par J.-B. Mauzaisse.

57 — Saint-Louis au tombeau de sa mère, par Ch.-M. Boulon.

58 — Vue du château de Pau, par A.-L. Duperreux.

59 — Henri IV et le capitaine Michau, par L.-E. Watelet.

60 — Courageuse défense de Louis VII, par A. Boisselier.

61 — L'ermite Pierre prêche la croisade, par A. H. Dunouy.

62 — Diane de Poitiers demandant la grâce de son père à François Ier, par madame Haudebourt-Lescot.

63 — Clotilde exhortant Clovis à embrasser le christianisme, par J.-A. Laurent.

64 — François Ier visitant la fontaine de Vaucluse, par F.-C. Bourgesio.

65 — Jeanne-d'Arc fait enlever l'épée de Charles-Martel, par P.-A. Mongin.

66 — Louis XIII forçant les retranchemens du Pas-de-Suze, par M.-H. Lecomte.

67 — Chèrebert, fils de Clotaire, rencontrant une jeune bergère, par J.-V. Bertin.

68 — Le roi de Navarre et la mère de Henri IV, par P. Révoil.

69 — Saint-Louis rachetant des prisonniers, par F.-M. Granet.

70 — Mort de Bayard en 1524, par A.-F. Boisselier.

71 — Sully, blessé, rencontré par Henri IV, par N.-A. Taunay.

72 — Vue de la plaine d'Ivry, par J.-X. Bidauld.

73 — Carloman blessé à mort dans la forêt d'Iveline, par J.-Ch. Rémond.

74 — Jeanne-d'Arc se dévoue au salut de la France, par J.-A. Regnier.

C'est à Louis XVIII à qui nous devons l'entière restauration de la galerie de Diane, l'unique et beau souvenir que la restauration ait laissé à Fontainebleau, souvenir, doublement curieux par la singulière inscription qu'il a fait mettre sur les cinq portes de la galerie dont il s'agit.

—

GALERIE DE HENRI II OU SALLE DE BAL.

La description de cette vaste et magnifique salle, plus encore que celle de la galerie de François Ier, a besoin, pour être digne de son sujet, d'être tracée, non-seulement par une plume beaucoup plus habile que la nôtre, mais surtout initiée dans les arts sublimes. Aussi, nous permettrons-nous, ainsi que nous l'avons fait ailleurs, d'avoir recours au savoir de M. Poirson, en empruntant à la *Revue Française* les brillans passages qui suivent :

« C'est un peintre distingué, à plusieurs égards, que Rosso ; c'est un homme de génie que Primatice, non dans nos incomplètes histoires et dans nos trompeuses biographies, mais ce qui vaut mieux pour lui, dans la réalité. Sa tête encyclopédique, sa vaste intelligence embrassa tous les genres de la haute peinture, et son inépuisable talent exécuta avec succès ce que son esprit avait conçu...

. . . .

» La manière de Primatice est large et grandiose ; il répond toujours à l'idée que le spectateur, même de l'imagination la plus forte et la plus élevée, a pu se faire d'un sujet. Tous les détails, soit d'harmonie, soit de contraste, qui ressortent de ce sujet, lui apparaissent d'abord : quelque soit le nombre de figures, la multitude de poses et d'expressions que nécessite l'emploi de ces accessoires, il les admet, sûr de trouver dans la puissance et la fécondité de son talent le moyen de les employer avec bonheur. Sa composition satisfait à toutes les règles de l'art, l'unité de sujet, d'action et de lieu est observée, chacun des groupes est bien formé : tous sont liés entre eux ; tous se rapportent et se rattachent au sujet. Le nombre de figures ne nuit en rien à l'ordre et à l'aisance : elles ne sont ni entassées ni gênées ; il y a de l'espace et de l'air entre elles. Au premier regard jeté sur les tableaux de Primatice, l'intelligence comprend, et l'œil est satisfait. . . . .

. . . .»

» La salle de bal ou de Henri II a été bâtie par François Ier et décorée par Henri II, c'est le produit le plus vrai, l'expression la plus naïve et la plus forte de l'époque ; période de monarchie absolue, temps où le prince disposait sans contrôle de la fortune publique et en usait au gré de ses goûts et de ses passions.

« Cette salle de 90 pieds de long sur 30 de large, est la plus belle et la plus vaste qu'ait construit la renaissance, dont elle porte le cachet. Les dix grandes arcades qui forment les baies d'autant de fenêtres, sont bâties à plein cintre : les portes sont petites. Le plafond, plat, en bois de noyer, est composé de 27 cadres ou caissons octogones, embellis , dans leurs concavités , d'architraves, de frises et de corniches. Tous les murs, à une hauteur de 6 piéds , sont garnis d'un lambris en bois de chêne : au-dessus de la porte est une tribune de menuiserie à parquet, destinée à recevoir les musiciens. Au plafond, les cadres ou caissons ont un fond d'argent et d'or : le lambris et la tribune sont ornés de filets d'or ; l'effet de cet argent , de cet or et du bois, est prodigieux de richesses et d'élégance : il est impossible de trouver rien de plus doux , de plus carressant à l'œil, de plus riant à l'imagination. A côté de cette magnificence délicate, mais toute matérielle, vous trouvez ses inestimables produits du génie. Primatice a composé et dessiné, Nicolo a peint à fresque, neuf pages immenses et 54 autres tableaux de moindre dimension.

» Tous les sujets sont empruntés à l'ancienne mythologie et pris dans ce qu'elle offre de plus poétique et de plus gracieux.....

» Henri II a largement profité de la permission donnée par la facilité des mœurs publiques : dans la salle de bal il a mis son amour et sa maîtresse partout. Son chiffre, uni à celui de Diane de Poitiers , se trouve dans le caisson du plafond et sur les cartouches placés entre les huit grands tableaux; les emblêmes de Diane, les arcs, les flèches et surtout les caissons, sont prodigués au plafond, au lambris, à la cheminée ; à droite et à gauche de cette cheminée, 2 tableaux représentant Diane chasseresse et Diane aux enfers; enfin dans la dernière arcade de droite, est peint le portrait, non plus de la déesse qui rappelle allégoriquement la maîtresse, mais le portrait de la maîtresse elle-même : les attributs de Vénus et le Cupidon sont ajoutés à cette figure d'après nature, non pour dérouter le spectateur, mais au contraire pour lui remettre en mémoire la nature de la liaison de Diane avec le roi. . . . . . .

. . . .

» En partant de la tribune des musiciens, les 4 tableaux sur le côté du parterre sont les suivans :

» Cérès au milieu des divinités de sa suite, préside aux travaux d'hommes et de femmes occupés à la moisson et à l'emploi du blé.

» Vulcain forge des armes pour Cupidon, à la demande de Vénus.

» Le soleil entouré des saisons et des heures, parcourt les signes du zodiaque. Phaëton vient lui demander à conduire son char.

» Philémon et Baucis sont récompensés pour avoir donné l'hospitalité à Jupiter et à Mercure, et les habitans de la Phrygie punis pour la leur avoir refusée.

» Les 4 tableaux sur la cour du donjon, toujours en partant de la tribune des musiciens, sont les suivans :

» Bacchus célèbre une bacchanale avec Hébé, des Faunes, des Satyres ; quelques Lions et Léopards sont près de là.

» Apollon sur le parnasse et près de la fontaine Castallie, exécute un concert avec six des muses.

» Les Dieux assemblés pour une récréation, regardent la danse des trois Grâces.

» Au festin des noces de Thétis et de Pélée, la discorde jette la pomme d'or sur la table.

» A ces huit grandes compositions, placées entre les fenêtres, il faut en ajouter une neuvième que l'on trouve derrière la tribune destinée à l'orchestre. Ce sont divers groupes de musiciens et de danseurs, et un groupe de femmes et d'enfans occupés d'un concert.

» La salle de bal contient 54 autres tableaux de moindre dimension, 4 à droite et à gauche de la cheminée, 50 sous les 10 arcades voisines des fenêtres.

» Aux deux côtés de la cheminée l'on trouve 4 tableaux. A gauche, Hercule combattant le sanglier qui désolait les campagnes d'Erymanthe, une tradition veut que ce fait emprunté à l'histoire héroïque, rappelle allégoriquement une action réelle de François Ier, qui délivra les campagnes voisines de Fontainebleau d'un sanglier redoutable; au-dessous, une Diane aux enfers, ayant près d'elle Cerbère. — A droite, un Gentilhomme du règne de François Ier, avec le costume du temps, armé d'une escopette et d'un épée, combattant un loup cervier, ce gentilhomme, condamné à mort, demanda une commutation de peine : il chercha, combattit et tua un loup cervier qui avait dévoré plusieurs habitans autour de Fontainebleau, son courage et son bonheur lui valurent sa grâce; au-dessous, Diane se reposant après la chasse, l'on prétend que ce tableau est le portrait de Diane de Poitiers.

» M. Alaux a été chargé de la restauration de la salle de bal, tâche vraiment immense par le nombre des tableaux, par leur grandeur, par l'état de dégradation dans lequel ils se trouvaient!

» Nous venons de le voir, il ne s'agissait de rien moins que de rétablir neuf vastes compositions dont les plus restreintes contiennent 17 figures, dont les plus vastes en présentent jusqu'à 38 ; et de plus 54 tableaux de moindre dimension. . . . .

. . . .

» En voyant l'état déplorable des peintures de la salle de bal, un homme vulgaire aurait senti le cœur lui manquer, et il aurait tout d'abord résigné une tâche que l'intérêt ou l'amour de la réputation lui aurait fait rechercher avant examen. . . . .

. . . .

» M. Alaux a consacré trois ans à la restauration de la salle de bal. Nous croyons qu'il a rendu Primatice et Nicolo à la France et à l'art, autant qu'on pouvait le leur rendre. »

GALERIE DE FRANÇOIS Ier.

Cette galerie , construite en 1530 par François Ier, a 60 mètres de longueur sur 6 mètres de largeur. Son plafond et ses lambris sont en bois de noyer couvert de sculptures, au milieu desquelles on voit alternativement des salamandres, devises de ce roi.

Treize grands tableaux, entourés d'immenses bas-reliefs en stuc, accompagnés de médaillons , et peints à fresque , sont l'œuvre du célèbre Rosso, peintre de l'école italienne; mais afin de pouvoir donner à nos lecteurs une idée parfaitement exacte du génie de ce grand artiste , et des chefs-d'œuvre que nous décrivons, nous allons continuer à citer le savant M. Poirson :

« En 1530, dit-il, Rosso arriva en France , et le Primatice y vint en 1331. Ils y importèrent la *manière* ou le *goût* florentin et romain ; ils opérèrent une révolution , ils fondèrent l'école française. . . . . . .

» Le Rosso ne ressemble à personne, ses figures ont un mouvement ; ses têtes une expression, des formes et un caractère de beauté ; son pinceau une hardiesse et une franchise qu'on ne trouve nulle part ailleurs.....

» C'est dans la galerie de François Ier, à Fontainebleau, qu'il faut aller l'étudier et l'apprécier. Le tableau d'un *naufrage par une nuit sombre* exprime à un degré étonnant de force et de vérité le déchirement des élémens contre l'homme ; le désordre et la confusion qui règnent dans ces scènes de désastre ; les sentimens qui en naissent, et qui les animent d'une vie terrible. Épuisés de force et de courage, quelques-uns des acteurs du drame s'abandonnent eux-mêmes et se laissent submerger. Le besoin de sa propre conservation, la passion, la fureur de la vie, animent les autres ; deux d'entre eux cherchent un refuge vers une barque et vers une étroite roche ; deux autres les repoussent avec rage, avec coups, dans la crainte que la barque ne chavire, et que la roche ne vienne à leur manquer. Dans le tableau de la *mort d'Adonis*, la pâleur du visage, la décomposition des traits et l'affaissement du corps, rendent admirablement chez Adonis la défaillance de la mort ; tandis que, chez Vénus, vous apercevez les caractères de la douleur expressive, mais sans grimaces ; poignante, mais sans convulsions ; de la douleur au point où elle n'effraie pas, et où elle arrache des larmes. Dans l'éducation d'Achille , les yeux et les gestes du centaure se partagent entre son élève qu'il surveille, et le but qu'il lui montre : le jeune Achille est tout attention, tout efforts ; la crainte et l'embarras, résultant d'un exercice nouveau, contractent ses membres ,

bombent son dos, et retiennent sa tête entre ses épaules. Enfin dans le médaillon placé près de Danaë, et représentant
Apollon qui conduit son char, tout y est feu, lumière, vie,
puissance, divinité...

Voici l'énoncé suivi des tableaux, médaillons, reliefs,
etc. faits par ce grand artiste, ou exécutés sur ses dessins,
et qui se voient encore dans la galerie de François Ier. Sur
le côté droit qui est celui donnant sur la cour de la Fontaine, l'on trouve :

L'Ignorance chassée, ou *François Ier ouvrant à ses sujets
le temple des lettres et des sciences* ;

L'Union de tous les corps du royaume ; François Ier, entouré des divers ordres de l'état, tient en main une grenade,
symbole de l'union ;

Le Dévouement de Cléobis et de Biton ;

Danaë (l'on croit que ce tableau n'est pas de Rosso,
mais de Primatice) ;

La Mort d'Adonis ;

L'Arrivée d'Esculape à Rome, et la *Fontaine de Jouvence*,
les deux sujets sont mêlés ;

Le Combat des Lapithes et des Centaures ; sur le côté gauche en retour, l'on rencontre :

Vénus qui châtie l'Amour pour avoir abandonné Psyché ;

L'Éducation d'Achille ;

Le Naufrage par une nuit sombre, ou le *Naufrage d'A-
jax* ;

La Ruine et l'incendie de Troie, et *la piété filiale d'É-
née* ;

Un Triomphe, représenté par un éléphant qui a une ci-
cogne à ses pieds ;

L'Appareil d'un sacrifice.

« Deux tableaux étrangers à l'un et à l'autre de ces deux

grands maîtres, et dûs au pinceau de Boulogne le Jeune,
se trouvent aujourd'hui dans la galerie de François 1er, ce
sont, à l'extrémité de la salle, *Flore et Zéphyr*, et au milieu,
à gauche, une Minerve.

» Les 13 grands tableaux de cette galerie sont treize allégories rappelant les victoires, les revers et les amours de
François 1er.

» Plusieurs de ces anciens tableaux sont accompagnés de tableaux accessoires et de médaillons. Nous citerons
quatre des plus remarquables. A droite et à gauche du tableau de Danaë, sont placés deux médaillons en émail représentant Apollon et Diane sur leurs chars.

» Les deux autres tableaux, de moindre grandeur, mais
d'un grand caractère et d'un beau dessin, qui nous restent
à signaler, sont l'*Enlèvement* d'Europe par Jupiter sous la
forme d'un taureau, et l'*Enlèvement* d'Amphitrite par Neptune métamorphosé en cheval. Ils sont placés à droite et à
gauche du douzième tableau, c'est-à-dire du triomphe. »

SALON DE FRANÇOIS 1er.

C'était le salon de famille de ce prince, c'est lui qui l'a-
vait fait décorer du gracieux plafond, des lambris et de la
magnifique cheminée qu'on y admire.

Les tableaux qui sont au-dessus des trois portes représentent : Saint-Louis recevant l'hommage du duc de Breta-
gne, par G. Rouget; Saint-Louis, prisonnier, par le même
artiste; et les attributs de la musique.

Le médaillon qui est sur la cheminée contient une peinture à fresque du Primatice, et dont le sujet est Mars et Vé-

nus. Au-dessous est un bas-relief en stuc, apporté d'Italie en 1528. C'est un sacrifice chez les Anciens.

Les tapisseries qui décorent en grande partie cette très jolie pièce, ont été faites aux Gobelins; elles représentent les sujets suivans, qui sont tous de l'école du peintre Rouget : François Ier rejette l'offre des députés de Gand ; François Ier à la Rochelle; Saint-Louis reçoit à Ptolémaïs les envoyés du Vieux de la Montagne; Saint-Louis est arbitre entre le roi d'Angleterre et ses barons; Henri IV et Crillon; un guerrier du temps des Croisades ; allégorie représentant la France; Henri IV à l'assemblée des notables.

On remarquera aussi quatre jolis meubles, façon Boulle, dont la fabrication est toute récente.

SALON DE LOUIS XIII.

C'était, jusque vers le milieu du règne de Henri IV, la chambre à coucher des reines de France.

Louis XIII y est né en 1601. Elle fut décorée par le célèbre Paul Bril. Ambroise Dubois, qui exécuta les peintures, a tiré ses sujets du roman grec *Théagène et Chariclée*, œuvre de l'évêque de Trica. Quinze grands tableaux d'une merveilleuse composition , qui rappellent la plus belle époque de l'art en Italie, achevèrent de faire de ce salon la pièce la plus élégante parmi toutes celles déjà décrites. Sous Louis XV, ces tableaux furent réduits à onze , parce qu'alors on avait besoin de portes plus large pour ne pas gêner les grandes dames avec leurs paniers et leurs costumes à la Pompadour.

Le premier de ces tableaux, celui qui est sur la cheminée, représente un sacrifice dans lequel Théagène remet à Chariclée le flambeau qui doit servir à allumer le bûcher;

Le deuxième, au plafond et en face de la cheminée, est le serment de Théagène;

Le troisième, au milieu du plafond : Apollon et Diane apparaissant à Calasiris.

Le tableau ovale, à la suite, et peint à l'huile par Paul Bril, a pour sujet Louis XIII enfant, monté sur un dauphin entouré d'amours, avec les insignes de la royauté;

Le quatrième, d'Ambroise Dubois : Théagène dans l'île des Pâtres;

Le cinquième : Théagène et Chariclée dans une caverne de cette île;

Le sixième : première entrevue de Chariclée et de Calasiris;

Le septième: seconde entrevue du grand-prêtre avec Chariclée;

Le huitième : Calasiris, Théagène et Chariclée abandonnés sur le rivage d'Afrique;

Le neuvième : Théagène et Chariclée prisonniers dans l'île des Pâtres;

Le dixième : départ de Théagène et de Chariclée : ils s'acheminent vers l'Egypte;

Le onzième: enlèvement de Chariclée, prêtresse de Diane, par Théagène et ses Thessaliens.

Les meubles de ce salon, comme tous ceux des précédens, datent de l'empire. Parmi eux, on remarque une console très élégante, avec un riche marbre en vert de mer.

SALLE DES GARDES.

Ainsi nommée parce qu'autrefois les gardes-du-corps de service se tenaient-là pour veiller à la sûreté du roi. Alors elle était d'une simplicité complète. Sa décoration actuelle ne remonte pas au-delà de 1830. C'est M. Moënch qui a fait de cette pièce une des plus belles choses à voir dans le château.

La cheminée en marbre blanc est un véritable monument. Dans son encadrement supérieur on y voit le buste de Henri IV par Germain Pilon. Les deux statues qui sont de chaque côté sont l'œuvre du sculpteur Francaville, elles représentent, l'une la Force et l'autre la Paix.

La décoration de cette magnifique salle est alternée de manière à rappeler tous les princes qui ont concouru à l'élévation ainsi qu'à l'embellissement du palais de Fontainebleau, depuis François Iᵉʳ, sa plus grande époque, jusqu'à Louis-Philippe. Des peintures à l'huile, sur bois, des portraits enjolivés d'or, des arabesques entourant des figures allégoriques, tout cela enrichi de guirlandes d'un goût exquis; des chiffres et devises rappelant les différens règnes et les principaux événemens qui ont signalé leur durée.

Ajoutons que dans cette pièce un magnifique parquet de marquetterie en rapport avec le plafond, a achevé de la rendre l'une des plus grandioses et des plus coquettes.

La salle des gardes sert de foyer de théâtre lorsque la cour vient séjourner à Fontainebleau et qu'elle y fait donner des représentations.

ESCALIER DU ROI.

C'était sous François Iᵉʳ la chambre à coucher de la duchesse d'Étampes, maîtresse de ce monarque.

Elle a été remplacée sous Louis XV par l'escalier que nous voyons. Les tableaux et les médaillons entourés de

dorures, majestueusement encadrés par des bas-reliefs en
stuc, sont l'œuvre du Primatice et de Nicolo qui les ont
peints à fresque.

L'éclat et la magnificence qu'offre cet escalier, naguère
dans le plus mauvais état, sont dûs au riche talent de
MM. Abel de Pujol et Moënch,

Les tableaux qu'on y admire sont :

Au-dessus de la porte des appartemens du roi — Alexandre
domptant le cheval Bucéphale.

Le deuxième — Alexandre et la reine des Amazones.

Le troisième — Campaspe amenée devant Alexandre.

Le quatrième — Alexandre enfermant les œuvres d'Ho-
mère.

Le cinquième — Alexandre et Campaspe.

Le sixième — Alexandre coupant le nœud gordien.

Le septième — un festin d'Alexandre.

Le huitième — Alexandre faisant peindre Campaspe,
devenue sa maîtresse.

Le tableau du plafond est dû au pinceau de M. Abel de
Pujol ; il représente l'apothéose d'Alexandre.

Les portraits de Louis VII, de Louis IX, de François Ier,
de Henri II, de Henri IV, de Louis XIII, de Louis XIV, de
Napoléon, de Louis-Philippe et de la reine Amélie, sont
l'œuvre de M. Moënch.

—

PORTE DORÉE.

Cette porte, communiquant de la cour du Donjon à l'avenue de Maintenon, est ainsi nommée à cause de la profu-
sion de dorure dont elle brille. Sa décoration, consistant en
huit grands tableaux, peints à fresques par Nicolo, d'après

les dessins de Primatice, viennent d'être restaurés par M. Picot. Ils représentent :

Hercule habillé en femme;

Hercule dans les bras d'Omphale;

Jupiter foudroyant les Titans;

Départ des Argonautes pour la conquête de la Toison-d'Or;

Un Titon et l'Amour;

Pâris blessé au siège de Troie.

—

VESTIBULE DE SAINT-LOUIS.

Situé dans le pavillon qu'habitait ce roi; il vient d'être restauré sous Louis-Philippe, qui l'a fait décorer dans le style gothique, avec une voûte à ogives, ornée de fleurs-de-lys sur fond bleu, supportée par quatre colonnes en marbre tiré dans les environs de Fontainebleau. Six statues en plâtre décorent ce vestibule : ce sont celles de Louis VII, de Philippe-le-Bel, de Philippe-Auguste, de Louis IX, de François Ier et de Henri IV.

A la suite du vestibule il vient d'être construit un magnifique escalier en bois de chêne, avec des ornemens sculptés qui ont été modelés sur ceux du gigantesque escalier du Fer-à-Cheval.

APPARTEMENT DU DUC DE NEMOURS.

Cet appartement, situé au premier étage de l'aile neuve; dans la cour du Cheval-Blanc, et ayant vue sur le jardin Anglais, se compose de huit pièces magnifiques. Elles ont été ornées et décorées en 1809 pour les sœurs de Napoléon. Les riches tentures de soie, ainsi que les siéges dorés qui ornent et meublent ces pièces ont été fabriqués à Lyon.

Dans la septième, qui sert de salle à manger, il y a cinq tableaux qui sont :

Un paysage avec figures, genre pastoral, par Hilaire;

Vue de la Gorge-aux-Loups, dans la forêt de Fontainebleau, par L. Cabat;

François Ier et la reine Claude, visitant la Sainte-Baume, en 1516, par M. Barrigue;

Vue du château de Vantadour et du pont de la Baume, par M. Joly de Lavaubignon;

Paysage avec figure, dans le même genre que le premier, également par Hilaire;

La huitième pièce, qui est l'antichambre de l'appartement, comprend neuf tableaux :

Cascades et acqueducs entre des rochers, par L.-P. Crépin;

Paysage pris sur le lac majeur, par J. Bidault;

Jeune bergère consultant une vieille femme, par madame Benoît;

Vue de la ville de Gênes, par Dunouy;

Paysage avec figures et animaux (le maître est inconnu);

Autre paysage, dont le maître est également inconnu;

Ruines de la maison carrée, à Nimes, par H. Robert;

Cascades et acqueducs, par L.-P. Crépin;

Ruines du pont du Gard, par H. Robert.

Sous la restauration, cet appartement a été habité par le duc et la duchesse de Berri, et le duc de Bordeaux, pendant huit jours en septembre 1829, puis après 1830 par le roi et la reine des Belges, et enfin par le duc et la duchesse de Nemours.

—

APPARTEMENT DU PRINCE ROYAL.

Ce magnifique appartement qui, en 1837, fut donné au duc d'Orléans, à l'occasion de son mariage avec la princesse H. de Mecklembourg, et dont le brillant avenir a été sitôt et si fatalement brisé, se compose de dix pièces, toutes richement ornées, et très remarquables.

ANTICHAMBRE.

Huit tableaux qui sont :

Une forêt, où des voyageurs sont attaqués par des brigands, peint par Breugel; paysage dont l'auteur est inconnu; intérieur d'un ménage rustique, d'après Gérard Dow; Alexandre au tombeau d'Achille, par B. Flameel; la marchande d'amours, par J.-M. Vien; un paysage, par E. Allegrain; un paysage, par J. Breugel; et un berger gardant des moutons, dont le peintre est inconnu.

PREMIER SALON.

Quatre tableaux, qui sont :

Deux dessus de porte, peints par Mignard, dont l'un représente les attributs de l'histoire, et l'autre ceux de la musique; les deux autres tableaux sont : Achille à la cour de Lycomède, par Coypel, et l'enlèvement d'Hélène, tableau de l'école française.

Riche tapisserie venant des Gobelins, et sur laquelle sont figurés : Flore et Zéphir, d'après Mignard; Latone, tenant dans ses bras ses deux enfans, Apollon et Diane; et Jupiter changeant en grenouilles les paysans lyciens.

Dans le salon on remarquera un très beau buffet en ébène, avec des sculptures très élégantes qui rappellent la perfection de travail du seizième siècle, ensuite un meuble magnifique en tapisserie de Beauvais.

DEUXIÈME SALON.

Au-dessus de la porte, en entrant, un tableau de fleurs, par Millot; entre les croisées, du côté de l'étang, les attributs de la peinture, par Valayer; sur la cheminée, des attributs militaires, par N. Delaporte; entre les deux croisées donnant sur la cour de la Fontaine, un amour sur une table garnie d'un tapis brodé, par J. Sauvage; et sur la porte qui conduit à la pièce suivante, un amour jouant avec un paon, par Huillot.

Deux tapisseries des Gobelins, dont une représente Cérès recevant une offrande, et l'autre les Muses et les attributs de la Poésie. Ces deux sujets sont d'après Mignard.

CHAMBRE A COUCHER.

On y remarque les tableaux suivants : La naissance de Louis XIII, par Menjaud; l'établissement de l'ordre de Saint-Bruno, peint par Monsiau; François Ier écrivant des vers au bas du portrait d'Agnès Sorel, par P. Bergeret.

CABINET DE TOILETTE.

Il a été restauré à neuf en 1837. Les meubles qui y ont été apportés alors sont très coquets, très gracieux et dans le genre de ceux qui décorent les plus jolis boudoirs de Paris.

DEUXIÈME CABINET.

Cette pièce, qui a été restaurée et décorée en même

temps que la précédente, et dont l'ameublement est également-
ment très coquet, renferme un objet des plus curieux : c'est
le meuble en porcelaine de Sèvres qui a été donné à madame la duchesse d'Orléans. Ce meuble a la forme d'un édi-
fice, et offre sur son pourtour cinq tableaux très bien peints,
représentant l'arrivée de cette princesse à Fontainebleau,
sa réception au château, et les diverses cérémonies de son
mariage.

AUTRE SALON.

Cette pièce , qui fut la chambre à coucher des reines-
mères, puis l'oratoire du pape Pie VII, lors de sa captivité à
Fontainebleau , est splendidement décorée et renferme des
meubles dignes de fixer l'admiration du visiteur. L'auteur
des arabesques parsemées dans les caissons de la voûte et
de celles qui ornent les panneaux du lambris , est le célèbre Cotelle , de Meaux. Les tapisseries des Gobelins
qui remplissent les intervalles, représentent : Les malheurs
de la guerre , retracés sous la figure de soldats pillant ; la
bataille d'Arbelle ; le passage du Granique et le triomphe
d'Alexandre. Ces sujets sont copiés d'après les tableaux
de Lebrun.

SALON ENSUITE.

C'est une grande pièce carrée, dont le plafond est en caissons
et à compartimens, dans lesquels, au milieu de figures allégoriques en reliefs , on a rappelé l'époque de sa décoration
par les chiffres de Louis XIII et de sa femme Anne d'Au-
triche; tous les ornemens de ce salon sont dorés.

Une chose éminemment remarquable , c'est la tapisserie
qui se développe sur le pourtour du salon. Elle se compose
de sept parties, dont six avec des arabesques.

Les sujets qu'elle représente sont : Minerve avec ses attributs ; une chasse au léopard; une chasse à la panthère

(ces trois sujets ont été faits d'après les tableaux de François Desporte); Jupiter ayant le costume de Mars, et sous ses
pieds la boule du monde ; Bacchus avec tous les attributs
de la débauche ; Vénus avec les attributs de la Volupté;
Mars avec ceux de la guerre ; Minerve avec les attributs de
la science, des lettres et de la musique. Ces tapisseries, faites aux Gobelins, datent du commencement de cet établissement.

Les deux dessus de porte, peints par Lebarbier, représentent : l'un, l'apothéose de Lulli, et l'autre celui de Ra-
meau.

Dans cette pièce, on remarque un magnifique buffet en
ébène, avec des sculptures d'un fini parfait. L'intérieur
n'est pas moins intéressant ; c'est une espèce de tabernacle
avec des figures allégoriques. Ce beau travail est du temps
de François Ier.

SALLE DE BILLARD.

Au dessus des deux portes, deux sujets, dont un par
J.-B. Patel, est une chasse au tigre, et l'autre, par N. Lancret, une chasse au lion.

Quatre parties de tapisseries décorent ce salon. Les sujets qu'elles représentent sont tirés de la Bible. C'est le cou-
ronnement d'Esther ; Mardochée aux pieds d'Assuérus ; le
triomphe de Mardochée, l'arrestation d'Aman.

On remarquera dans cette pièce un meuble en chêne, à
colonnes, dont les sculptures sont un véritable chef-d'œuvre.
Elles représentent Apollon dans son char, renversé et pré-
cipité vers la terre.

GRANDE ANTICHAMBRE.
(SERVANT DE SALLE A MANGER.)

C'est un musée composé de vingt-quatre tableaux, qui

sont : un berger et une bergère dans un bosquet , par F.
Boucher; le temple des Muses, par Lemaire-Poussin ; Herminie chez le berger, par Restout; une dame de qualité entourée de chiens; on prétend que c'est le portrait de la fameuse Catherine de Médicis , qui aimait beaucoup ces
animaux ; Jacob s'acheminant vers la Mésopotamie, il est
de l'école de Mignard; le temple de la Gloire, par Lemaire-
Poussin; la toilette d'Herminie, par Restout; l'intérieur de
l'église Saint-Laurent , à Nuremberg , par Justin Ouvrié ;
Tobie rendant la vue à son père, par Lancrenon ; vue des
monumens qui décorent la grande rue d'Inspruck , par J.
Guiaud; chasse de Saint-Louis dans la forêt de Sénart, et
vue de l'ermitage de Consolation , qu'il fonda, par Horonois. Dans le même tableau, à droite, portrait de Saint-
Louis , et à gauche celui de Charles VI, par de Creuse ;
Ulysse chez Nausicaa , par J.-L. F. Lagrenée; Henriette ,
reine d'Angleterre , débarquant en France , par madame
Hersent; Henri IV, chassant dans la forêt de Sénart, y visite
l'ermitage fondé par son aïeul Louis IX ; Louis XIV visitant aussi cet ermitage ; Horonois est l'auteur de ces tableaux. Dans un même cadre est le portrait de Henri IV et
celui de Louis XIV, par de Creuze; Jason victorieux, et of-
frant au grand-prêtre la toison d'or ; l'auteur de ce tableau
est ignoré; quatre paysages, par Breugel; deux paysages de
l'école flamande.

Le plafond de cette pièce est moderne et à compartimens, avec ornemens de bon goût.

VESTIBULE DE LA GRANDE CHAPELLE.

C'est une pièce carrée. Ses ornemens se composent d'un
médaillon au plafond, et d'une frise dans laquelle on remarque le chiffre des souverains français qui ont le plus
contribué à l'embellissement de Fontainebleau. Cinq portes, de forme antique, dont la sculpture tout-à-fait im-

posante , décorent ce vestibule qui est contigu à l'escalier du Fer-à-Cheval. Celles de ces portes qui donnent entrée sur la galerie de François Ier et sur la tribune de la grande chapelle sont l'œuvre de sculpteurs du temps de Louis XIII; les autres ont été copiées sur la première , par Lefèvre, en 1835.

ANTICHAMBRE DES APPARTEMENS DU ROI.

C'est une très jolie pièce carrée tirant ses jours du jardin de l'orangerie. De chaque côté de la porte sont deux pièces de tapisseries des Gobelins, faites d'après les tableaux de F. Desportes : elles représentent des animaux et des poissons d'espèces diverses, appartenant à différens climats.

Les tableaux qui ornent les dessus de porte sont de François Boucher et représentent des amours sous diverses formes et avec des fonds variés.

Les autres tableaux existant dans cette pièce sont : la destruction d'Herculanum par la lave du Mont-Vésuve, peint par Epinat ; la lecture de la Bible, par madame Benoit ; un paysage où l'on voit un personnage, ayant une plume à la main , et en contemplation devant la belle nature, par Serangeli ; Clélie, par J. Stella ; la leçon de musique, par Lancret ; Éponine et Sabinus, par Monsiau.

CABINET DE L'EMPEREUR.

C'est dans cette pièce élégamment et richement décorée que l'on voit la petite et bien modeste table sur laquelle Napoléon a signé son abdication !!... Le *fac-simile* de cet acte mémorable est encadré sur la console qui est entre les deux croisées.

CHAMBRE A COUCHER.

C'était celle de Napoléon. Rien n'y a été changé : le lit et les meubles sont ceux qui lui servaient. L'étoffe précieuse qui les recouvre vient des manufactures de Lyon,

Les six dessus de porte représentant des amours avec divers attributs sont l'œuvre du peintre Sauvage.

SALON DE FAMILLE.
(AUTREFOIS SALLE DU CONSEIL.)

La magnifique décoration de cette pièce est due à F. Boucher, peintre de Louis XV.

Le grand tableau du plafond a pour sujet Apollon sur son char, suivi par les amours transportés dans les nues, et précédé par l'aurore.

Dans les quatre angles sont les attributs des saisons de l'année portés par des amours.

Sur seize panneaux sont peints en bleu et en rouge les sujets suivans :

L'immortalité; l'histoire; l'été; le printemps; le succès; la réflexion; Minerve pacifique; Minerve guerrière; la justice; le repos après la victoire; l'automne; l'hiver; la gloire; la constance; la fidélité; la paix.

Les dessus de porte sont des paysages également de l'école de F. Boucher.

SALLE DU TRÔNE.

C'était jadis la grande chambre à coucher du roi. C'est Napoléon qui en a changé la destination. Le trône qu'on y voit a été élevé par ses ordres, il n'y a donné qu'une seule fois audience, en 1807, quand il a déclaré aux ambassadeurs d'Espagne et de Portugal, devant tout le corps diplomatique assemblé, que si, dans le délai d'un mois, leurs gouvernemens n'avaient pas cessé toute relation quelconque avec l'Angleterre, une armée française entrerait, sans coup férir, dans la Péninsule : ce qui, pour son malheur, a eu effectivement lieu.

La riche décoration de la salle du trône date de la fin du règne de Louis XIII et du commencement de celui de Louis

XIV, comme l'indiquent les emblêmes appartenant à ces deux rois; savoir : les massues et les soleils qui sont en grand nombre parmi les ornemens.

Le portrait en pied de Louis XIII, qu'on voit sur la cheminée, est l'ouvrage de J.-B. Champagne.

BOUDOIR DE LA REINE.

Cette jolie petite pièce a été décorée, en 1780, par ordre de Louis XVI, pour Marie-Antoinette. Les panneaux sont couverts d'arabesques sur fonds divers. Les quatres dessus de porte, ouvrage de Beauvais, représentent les neuf Muses.

Le sujet peint au plafond , par Bathélemy , est l'Aurore.

On voit incrusté au parquet , qui est en bois d'acajou , le chiffre de l'infortunée reine. Les espagnolettes des croisées , d'un travail admirable , ont été faites pour Louis XVI, qui s'exerçait , comme on sait , à faire de la serrurerie.

CHAMBRE A COUCHER DE LA REINE.

Le plafond, magnifiquement sculpté, est décoré d'un très beau et très grand médaillon, accompagné de quatre plus petits, avec des ornemens sur-haussés d'or.

On remarquera aussi dans cette pièce les riches tentures que supporte le baldaquin du lit , ainsi que deux commodes venant de la chambre de Marie-Antoinette, à Versailles.

SALON DES JEUX DE LA REINE.

Le plafond est décoré d'un tableau qui représentent les neuf Muses et une Minerve, par Vincent. Les dessus de portes, peints par Sauvage , représentent des sacrifices faits au dieu Mercure.

On voit dans ce salon une table en porcelaine de Sèvres,

dont les peintures sont de madame Jacotot, puis des vases d'une dimension extraordinaire, sortant de la même manufacture.

ANTICHAMBRE DES APPARTEMENS DE RÉCEPTION.

Dans cette pièce, qui a été restaurée en 1834, se trouvent trois panneaux en tapisserie des Gobelins, d'après les tableaux de Coypel. Le premier représente don Quichotte et Sancho sur le cheval de bois; le deuxième, Sancho se reposant dans l'ile de Barataria; le troisième, don Quichotte consultant la Tête enchantée.

ESCALIER DE LA REINE.

Cet escalier fut construit sous le règne de Louis XVI, ainsi que l'indique le chiffre de Marie-Antoinette placé dans les intervalles de la rampe en fer. Il a été décoré en 1839. Le grand tableau du fond, peint par Parrochel, représente Louis XV chassant dans la forêt de Compiègne.

Les autres tableaux sont : Les chiens à la chasse du loup; les chiens à la chasse du sanglier; et les chiens au repos. Ces trois tableaux, ainsi que deux natures mortes, sont de F. Desportes. Celui qui nous reste à indiquer représente des chiens chassant un canard sauvage, par Oudry.

SALON DES TAPISSERIES.

Il est ainsi nommé, à cause de sept morceaux de tapisserie qui le décorent. Six sont sortis des anciennes manufactures de Flandre, et représentent : Le mois de février avec le signe des Poissons; le mois de Mars, avec le signe du Bélier; le mois de Mai, avec le signe des Gémeaux; le mois de Juillet, avec le signe du Lion; le mois de septembre, avec le signe de la Balance; et enfin le mois d'octobre, avec le signe du Scorpion.

La tapisserie qui est sur la cheminée, faite d'après le ta-

bleau du baron Gros, représente François Ier et Charles-
Quint visitant les tombeaux de Saint-Denis. Le plafond de
cette pièce, qui a été restauré en 1834, est à compartimens,
avec culs-de-lampe en bois de sapin du nord. Sa structure
se rapporte à l'époque du XVIe siècle.

SALLE DE SAINT-LOUIS.

Ce sont deux grandes pièces , qui au moyen de la très
large porte vitrée qui les sépare n'en font pour ainsi dire
qu'une seule; c'était jadis la chambre à coucher de Louis
IX. Leur décoration actuelle a été commencée sous Louis
XV, continuée sous l'empire , et le plafond a été orné seu-
lement en 1835.

Sur la vaste cheminée, dont le chambranle est du temps
de Louis XIV, s'élève un bas relief en marbre blanc représentant Henri IV à cheval, par Jacquet, dit Grenoble. Des
tableaux qui surmontent le lambris, cinq sont relatifs à la
vie de ce monarque ; le 1er Henri IV quittant la belle Gabrielle.

Le 2e, Henri IV près de Sully blessé.

Le 3e, Henri IV chez le meunier Michau.

Le 4e, réconciliation d'Henri IV avec Sully, sous les arbres du jardins Anglais.

Le 5e, Henri IV, Sully et la belle Gabrielle.

Les autres tableaux sont des allégories telles que la *sculpture*, les *richesses de la terre et des eaux*, le *printemps*, l'*été*,
l'*automne* et l'*hiver*, puis l'*industrie avec toute sa suite*.

Dans la deuxième partie de la salle sont trois tableaux
d'Ambroise Dubois, Théagène et Chariclée surpris par des
voleurs ; union de Théagène avec Chariclée; cortége des
jeux pythiens.

Du même auteur deux autres tableaux qui sont : une
vue du camp des croisées devant Jérusalem.

Attaque du camp des croisées, par Clorinde et Argant.

Les deux tableaux qui représentent, sous la forme allégorique, l'Espérance et la Foi sont de Lebrun ; et les Amours avec divers attributs sont de Nicolas Lenoir.

Parmi les meubles de la salle Saint-Louis on remarquera deux jolis bureaux avec incrustations et ornemens divers en bronze doré.

APPARTEMENT DE MADAME DE MAINTENON.

Louis XIV l'a fait orner pour cette veuve qu'il épousa, dit-on, de la main gauche. Il se compose de trois pièces principales, élégamment ornées et couvertes de dorures. On y remarquera deux meubles du fameux Boule, dont le travail est d'un fini parfait, et très bien conservés.

C'est dans cet appartement que Louis XIV signa la révocation de l'édit de Nantes, acte par lequel ce grand roi a terni le plus beau règne !...

GALERIE DE LOUIS-PHILIPPE.

Cette vaste pièce, dont la décoration sévère, avec d'énormes colonnes stuquées et peintes en vert de mer, a été construite par Louis-Philippe. Elle sert de salle d'attente, et quelquefois de salle à manger du roi. Ses principaux ornemens sont ceux du plafond, à caissons, et ceux des portes, qui sont calqués sur celles du Louvre, dûes à de savans artistes du quinzième siècle.

PETITS APPARTEMENS.

Ces appartemens, qui ont remplacé la galerie des Cerfs et celle des Chevreuils, se composent de douze pièces principales qui sont éclairées sur le jardin de l'Orangerie. Sous l'empire, c'était le petit appartement de l'impératrice Marie-Louise. Aujourd'hui, c'est celui des princesses Adélaïde et

Clémentine, sœur et fille du roi. L'ameublement, ainsi que les ornemens qui les décorent, quoique riches et d'une certaine élégance n'offrent rien de très remarquables.

C'est dans cette partie du Palais, où le visiteur verra, étant entré dans une chambre bien modeste, le tableau qui représente la scène tragique de l'infortuné Monaldeschi, et, au bas de la croisée près de laquelle il fut si horriblement tué, cette funèbre inscription :

C'est près de cette fenêtre que Monaldeschi fut tué, par ordre de Christine, reine de Suède, le 10 novembre 1657.

JARDIN DU ROI.

Sous François Ier, il se nommait jardin des Buis, parce que les allées en étaient entièrement bordées. Sous Henri IV, il prit le nom de jardin de l'Orangerie, à cause d'un grand bâtiment où l'on serrait les orangers pendant l'hiver. Cette grande construction fut brûlée, d'abord en 1702, puis une seconde fois en 1789. On ne l'a point rétablie. Ce jardin, dont la superficie est d'environ deux hectares, est orné d'une fontaine en marbre blanc, surmontée de la statue de Diane chasseresse. Son bassin, d'une forme circulaire, est alimenté d'eau par quatre têtes de cerf en bronze. C'est Napoléon qui a fait élever, sur les ruines d'une autre, cette jolie fontaine.

Le Jardin du roi est délicieusement ombragé et tapissé de vertes pelouses. Les bâtimens qui l'entourent sont : le jeu de paume, la chapelle de la Sainte-Trinité, l'ancienne galerie des Cerfs et celle de Diane.

JARDIN ANGLAIS.

Ce fut jadis une forêt de broussailles, que Napoléon fit tranformer comme nous le voyons aujourd'hui. Là était la célèbre fontaine *Bleau* ou *Belle-Eau*, à qui le château et la

ville doivent leur nom, et dont malheureusement la source
a été, en grande partie, perdue lors des travaux hydrauliques
qui y furent exécutés sous l'empire. Les deux bâtimens que
l'on remarque dans ce jardin , sont le Carrousel, construit
sous Louis XIV et Louis XV pour les chevaux du roi , et le
Manége élevé en 1810 pour l'usage de l'Ecole militaire,
alors établie dans les bâtimens de l'aîle gauche de la cour
du Cheval-Blanc. La superficie du jardin Anglais est de seize hectares distribués et plantés de la manière la plus gra-
cieuse, et dont les frais bosquets, les magnifiques allées, et
les chemins à sinueuses courbures, offrent à la fois les pro-
menades les plus agréables et les délassemens les plus doux.

Ceux des arbres les plus remarquables et les plus beaux
qui ornent le jardin Anglais sont : le Maronnier d'Inde, le
Maronnier à fleurs rouges, le Noyer noir d'Amérique, le Hê-
tre pourpre, le Sycomore, l'Acacia blanc , le Saphora du Ja-
pon, le Platane d'Orient, le Peuplier d'Italie et celui du Ca-
nada, le Pin d'Ecosse et celui de Corse, le Sapin blanc, l'E-
picea, le Tulipier de Virginie, le Catalpa, le Cerisier à fleurs
doubles, l'Ebénier odorant, l'Arbre de Judée, etc., etc.

L'ÉTANG ET SON PAVILLON.

Le jardin Anglais est borné au levant et au nord par une
pièce d'eau de quatre hectares. Un joli pavillon a été construit à peu près au milieu en 1540. Dans l'intérieur sont
des peintures à l'huile sur plâtre et sur bois, représentant
des oiseaux de plusieurs espèces. Cette décoration est de l'empire, mais le tout a été restauré en 1834.

Le contour verdoyant de l'étang, ainsi que les jolis saules
pleureurs qui se refléchissent dans ses eaux, offrent à l'œil
un tableau plein de charmes et de fraîcheur. Il faut voir
aussi les monstrueuses carpes qui peuplent et sillonnent ce
vaste bassin.

PARTERRE.

C'est un carré de trois hectares et demi, borné d'un coté par les bâtimens du château, et de l'autre par la pièce d'eau appelée le Bréau. Depuis son origine, sous François Ier, ce jardin a subi plusieurs transformations; d'abord sous Henri IV, puis sous Louis XIV, époque à laquelle il a été dessiné par Lenôtre dans la forme que nous lui voyons à présent. La pièce d'eau ronde se nommait le Tibre, à cause d'une figure allégorique en bronze qui était au milieu avec un groupe représentant Romulus et Rémus allaités par une louve. En 1793, on l'a enlevée pour la convertir en canons.

La pièce d'eau du milieu du Parterre est carrée et est alimentée par une vasque, sorte de pot bouillant dont le jet est passablement abondant.

A l'angle nord-est de ce jardin s'élève le pavillon de Sully; vieille construction ainsi nommée, parce que sous le règne de Henri IV elle fut habitée par le vertueux Sully.

PARC.

C'est Henri IV qui a acquis le vaste terrain sur lequel le Parc a été établi, et dont la contenance totale est d'environ 84 hectares. C'est lui qui a fait creuser et entourer de murs en gresserie le Canal, l'un des plus beaux de France, qui comprend 1,200 mètres de longueur sur 39 de largeur.

Avec le canal le Parc renferme une autre pièce d'eau appelée le Miroir, à cause de sa forme : c'est le réservoir des eaux du château. Elles y sont amenées par des conduits qui prennent naissance à l'entrée de la ville, sous les hameaux des Peleux et des Provençaux. Sur la gauche de cette pièce d'eau, est la fameuse treille que Louis XV fit planter, et dont la longueur excède 1,000 mètres. Elle produit, dit-on, année commune, de 3 à 4,000 kilogrammes d'excellent chasselas, qui ne le cède en rien pour la délicatesse à celui de Thomery, dont la réputation est presque européenne.

Mais ce qui orne le plus majestueusement le Parc, ce sont les vieilles et hautes avenues qui le coupent dans tous les sens et parmi lesquelles on admire principalement celle conduisant vers le hameaux de Changy. Les ormes qui la composent, plantés il y a deux cents ans, sont d'une élévation prodigieuse. A côté, et sur la gauche de cette gigantesque avenue, on pénètre sous un labyrinthe, dont les routes sinueuses et gracieusement boisées offrent de charmantes solitudes.

A la droite du Parc, s'élèvent en amphithéâtre des maisons, au milieu desquelles on remarque une vieille construction, qui semble appartenir au XIᵉ siècle : c'est l'église d'Avon, qui fut, jusqu'au règne de Louis XIII, la paroisse du bourg de Fontainebleau. Là reposent les cendres de Monaldeschi, cet infortuné Italien, sacrifié à la vengeance de l'ex-reine de Suède, dont l'impunité fut un autre crime; celle du célèbre peintre Ambroise Dubois; puis celles du savant mathématicien Bezout, né à Nemours, et du naturaliste d'Aubanton, morts tous deux au hameau des Basses-Loges, où ils s'étaient retirés pour se reposer de leurs scientifiques travaux.

FIN.

Fontainebleau, imprimerie de E. JACQUIN.

TABLE DE LA PREMIÈRE PARTIE.

———◦○◦———

DESCRIPTION DU CHATEAU.

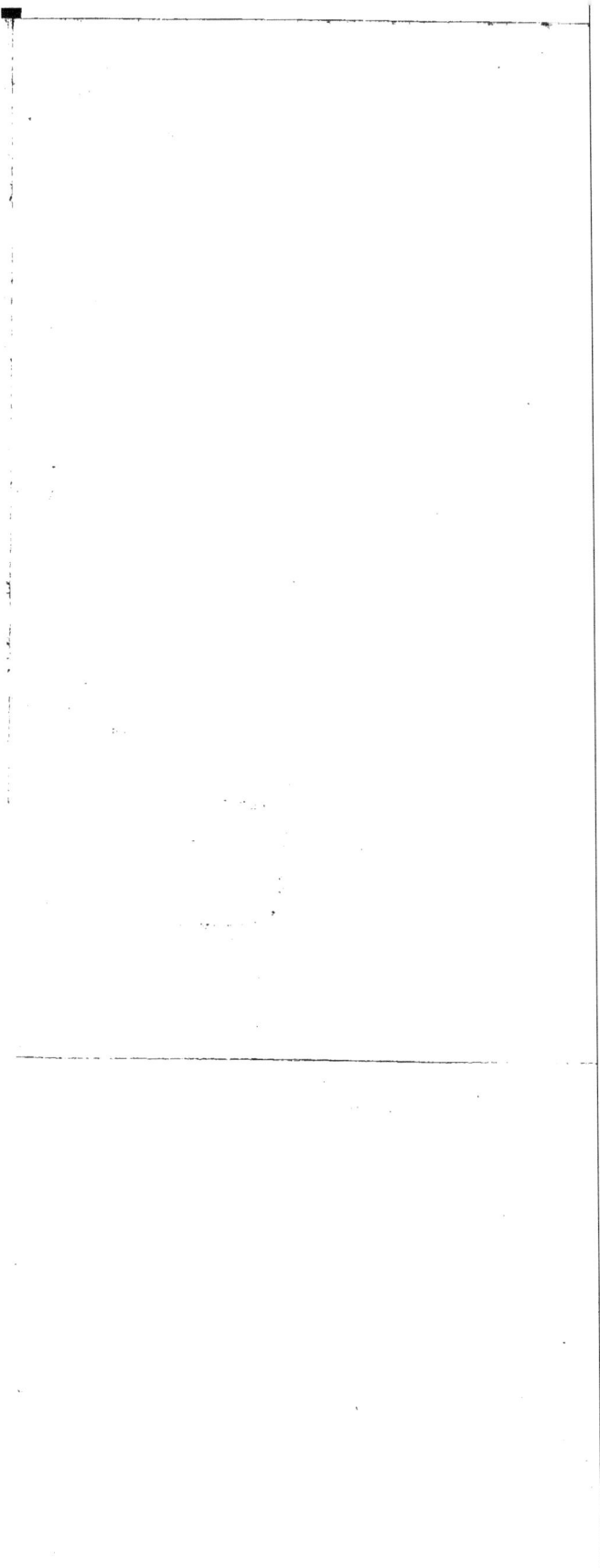

FONTAINEBLEAU.

Légende du Plan

A Cour du Cheval blanc
B id. des Fontaines
C id. Ovale
D id. des Cuisines
E id. du Donjon
F Jardin du Roi et Fontaine de Diane
G Jardin Anglais
H Berceau
I Carrousel
J l'Étang et ses Bouillons
K Le Parterre

L Cascades
M Grandes Fontaines
N La Fontaine de la Reine
O Place d'eau dite la Mare
P Entrée du Parc par la ville
Q Ancienne Faisanderie
R Carrefour de la grotte de Mainbeau

N.º 1 Hôtel de France
2 de l'Aigle noir
3 du Château blanc
4 de la Poste aux Chevaux

C. F. Denecourt, Éditeur abrégé — 1859.

www.ingramcontent.com/pod-product-compliance
Lightning Source LLC
Chambersburg PA
CBHW070912210326
41521CB00010B/2152

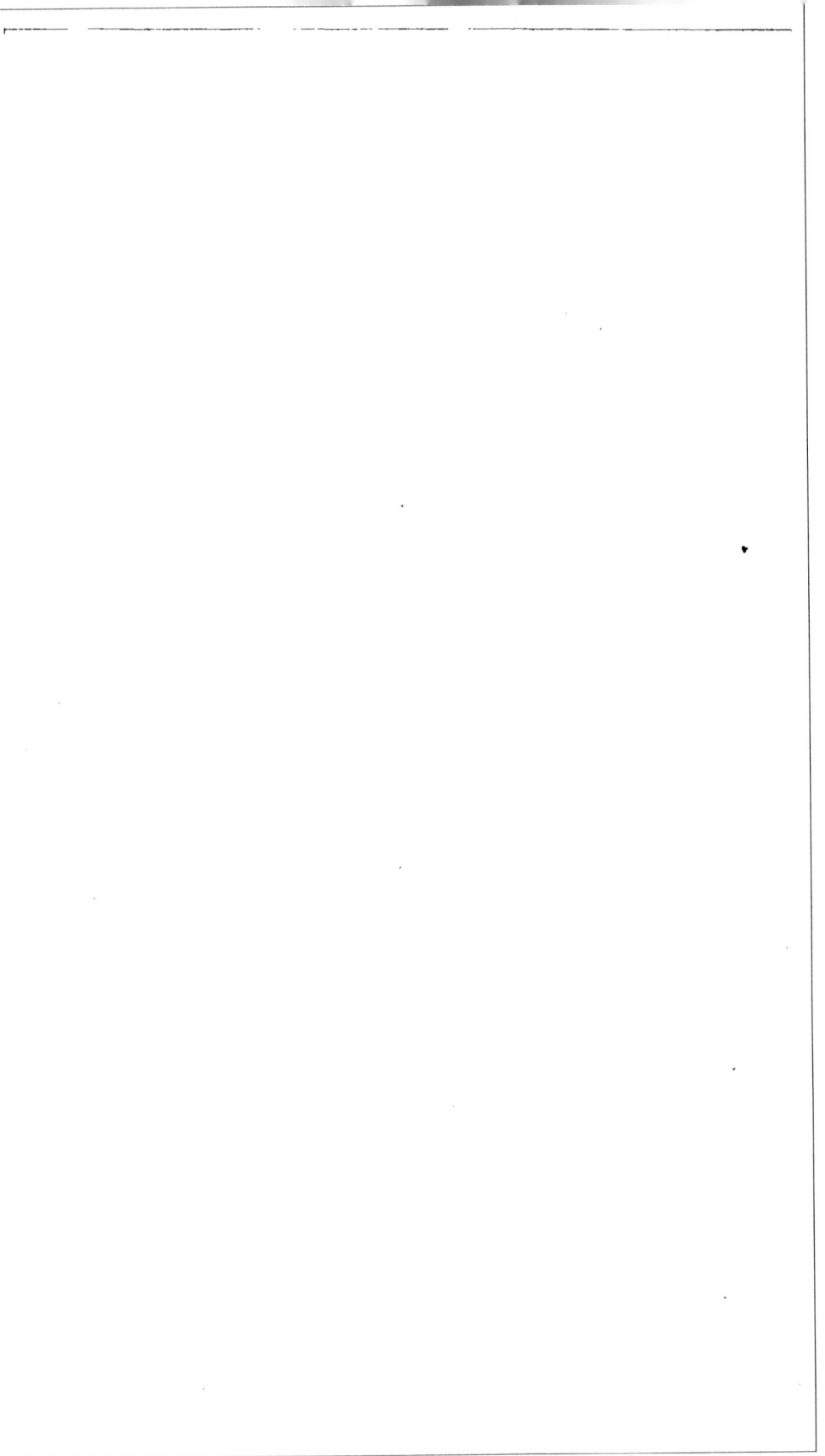